U0209550

水利水电工程现场施工
安全操作手册

◎罗永席 主编

哈尔滨出版社

HARBIN PUBLISHING HOUSE

图书在版编目（CIP）数据

水利水电工程现场施工安全操作手册／罗永席主编. —
哈尔滨：哈尔滨出版社，2020.6
ISBN 978-7-5484-5272-0

I.①水… Ⅱ.①罗… Ⅲ.①水利水电工程–工程施工–
安全技术–手册 Ⅳ.①TV513-62

中国版本图书馆CIP数据核字（2020）第068897号

书　名：**水利水电工程现场施工安全操作手册**
SHUILI SHUIDIAN GONGCHENG XIANCHANG SHIGONG ANQUAN
CAOZUO SHOUCE

作　者：罗永席　主编
责任编辑：张　薇
责任审校：李　战
封面设计：里奥广告设计工作室
版式设计：哈尔滨今佳快印有限公司

出版发行：哈尔滨出版社（Harbin Publishing House）
社　　址：哈尔滨市松北区世坤路738号9号楼　　　邮编：150028
经　　销：全国新华书店
印　　刷：哈尔滨今芝唐商务印刷有限公司
网　　址：www.hrbcbs.com　　www.mifengniao.com
E-mail：hrbcbs@yeah.net
编辑版权热线：（0451）87900271　87900272
销售热线：（0451）87900202　87900203
邮购热线：4006900345　（0451）87900256

开　　本：889mm×1194mm　1/32　印张：2.875　字数：60千字
版　　次：2020年6月第1版
印　　次：2020年6月第1次印刷
书　　号：ISBN 978-7-5484-5272-0
定　　价：29.80元

凡购本社图书发现印装错误，请与本社印制部联系调换。
服务热线：（0451）87900278

水利水电工程现场施工安全操作手册
编委会名单

主　　编：罗永席

副 主 编：李建林　　赵玉红

编　　委：杨维明　龚江红　张四明　王旭君

编写人员：（按内容编写顺序排名）

　　　　　余结良　李大军　姚登友　朱栋梁　项海玲

　　　　　陈启东　伍　攀　张官清　陈　敬　杨春来

　　　　　吴桂莹　周　博　詹敏利　刘　洋　余　俊

　　　　　黄　露　杨　浩　杨超翠　王　勇

前　言

　　《水利水电工程现场施工安全操作手册》是基于水利水电工程施工现场安全管理的需求，依据现行相关行业规范标准，以紧密联系工程建设为核心，以提升水利水电工程现场施工人员安全生产自我防护意识，提高施工现场安全生产管理水平，落实安全生产措施，规范施工操作人员的作业行为，防止和减少施工安全生产事故为目标而编写的。

　　书中采用通俗易懂、简练规范的语言，生动形象的图片，对水利水电工程施工现场人员应掌握的安全基本知识、安全操作技能和安全作业行为进行了解读。本手册共包含施工安全管理的基本规定、现场准备、土石方工程施工、混凝土工程施工、灌浆工程施工、机电设备安装、疏浚与吹填工程施工、事故处理与应急救援和安全警示标志等九部分内容。

　　本手册由湖北水总水利水电建设股份有限公司组织编写，在编写过程中得到中国水利工程协会、北京工业大学建筑工程学院等单位的大力支持和指导，在此表示衷心的感谢！由于编者水平有限，书中难免存在不足之处，敬请广大读者不吝批评指正，以便改进！

目　录　CONTENTS

第一章　施工安全管理的基本规定

❶ 施工现场要建立、健全各种规章制度。

❷　应制定与本工地有关的各工序、各工种和各类机械作业的安全操作规程，做到人人知晓，熟练掌握。

　　注意各安全操作规程！注意施工安全！安全操作！人人知晓！

③ 安全员应按规定，每年集中培训，经考试合格才能上岗。

④ 施工现场要建立以项目经理为组长，有技术负责人、各职能机构和分包单位负责人以及专职安全管理人员参加的安全生产领导小组，组成自上而下覆盖各部门、各班组的安全生产管理网络。

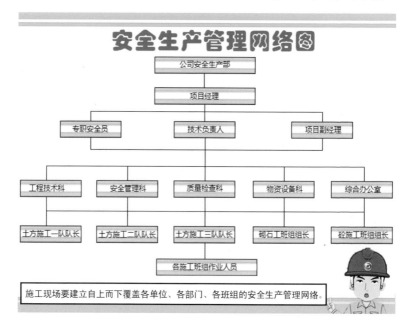

⑤ 要建立项目部主要人员轮流值班制度，检查监督施工现场安全作业，并做好安全日志。

⑥ 施工企业要做好各级管理干部、安全管理人员安全生产教育和新工人入场教育以及特种作业人员、其他员工的安全生产培训，同时还必须把经常性的安全教育贯穿于管理工作的全过程。

❼ 班组长在班前进行上岗技术和安全交底、上岗教育，做好上岗记录。对当天的作业环境、主要工作内容和各个环节的质量要求、操作安全要求以及特殊工种的配合等进行交底；检查上岗人员的劳动防护情况，每个岗位作业环境是否安全、无隐患，机械设备的安全保险装置是否完好有效，以及各类安全技术措施的落实情况等。

第二章　现场准备

2.1 施工用电准备

❶ 从事电气作业的人员，应掌握安全用电基本知识和所用设备的性能，持证上岗，同时按规定穿戴和配备好相应的劳动防护用品。

❷ 施工供电线路应架空敷设，其高度不得低于 5 m，并满足电压等级的安全要求。架空线应设在专用电杆上，宜采用钢筋混凝土杆。

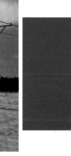

5

❸ 旋转臂架式起重机的任何部位或被吊物边缘，与 10 kV 以下的架空线路边线最小水平距离不得小于 2 m。

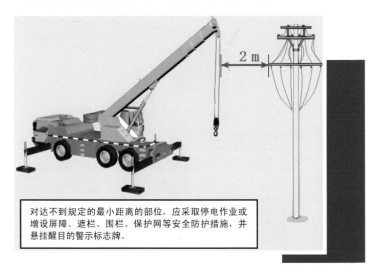

对达不到规定的最小距离的部位，应采取停电作业或增设屏障、遮栏、围栏、保护网等安全防护措施，并悬挂醒目的警示标志牌。

❹ 供电线路穿越道路或易受机械损伤的场所，必须设有套管防护。管内不得有接头，其管口应密封。

❺ 10 kV 及以下变压器装于地面时，应有 0.5 m 的高台，应装设栅栏，高度不低于 1.7 m，栅栏与变压器外廓距离不得小于 1 m，杆上变压器安装高度应不低于 2.5 m，并挂"止步、高压危险"的警示标志。

变压器的引线应采用绝缘导线。

❻ 配电箱、开关箱应装设在干燥、通风及常温场所，设置防雨、防尘和防砸设施。不应装设在有有害介质（瓦斯、烟气、蒸气等）、易受撞击、强烈振动、液体浸溅及热源烘烤的场所。

配电箱、开关箱放在合适位置。

2.2 施工照明准备

❶ 现场照明宜采用高光效、长寿命的照明光源。照明器具和材料的质量均应符合有关标准、规范的规定，不得使用绝缘老化或破损的器具和材料。

❷ 地下工程作业、夜间施工或自然采光差等场所，应设一般照明、局部照明或混合照明，并应装设自备电源的应急照明。

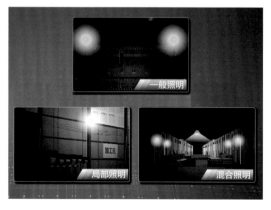

❸ 施工现场临时照明应选用充电式LED灯。所有在建项目应使用便携式充电机具，并设置在集中充电区域。

....

2.3 施工消防安全

❶ 从事现场工作的人员要认真贯彻"预防为主，防消结合"的消防方针，积极学习和掌握消防工作的基本知识，正确使用各类消防器材，在施工消防方面遵守各项规定。

② 消防箱应固定摆放于工地门口，内含消防斧、铁锹、消防水桶、消防沙、灭火器等工具。

消防箱应固定摆放于工地门口，内含消防斧、铁锹、消防水桶、消防沙、灭火器等。

③ 易燃易爆品应单独设置仓库储存，加设明显的标志，严禁无关人员进入，同时严禁烟火，不准把火种、易燃物品和铁器带入库内。

保持通风良好。

易燃易爆品应修建单独的仓库储存。修建的建筑物和其他区域距离不小于20 m。

2.4 施工道路及交通

① 施工临时道路应符合"道路纵坡不宜大于规范要求"的规定。

施工临时道路纵坡应符合相关规范要求。

② 临时道路最小转弯半径不得小于 15 m。

临时道路最小转弯半径不得小于 15 m！

1.2 m

施工现场临时桥梁人行道宽度不小于 1 m。

③ 临时路面桥梁宽度不得小于施工车辆宽度的 1.5 倍；双车道路面宽度不宜窄于 7 m，单车道不宜窄于 4 m；施工现场临时桥梁，人行道宽度应不小于 1 m，设置防护栏杆。

11

❹ 在急弯、陡坡等危险路段右侧应设有反视镜及相应警示标志，岔路、施工生产场所应设有指路标志。

❺ 悬崖陡坡、路边临空边缘应设有警示标志、安全墩、挡墙等安全防护设施。

第三章 土石方工程施工

3.1 土方明挖

❶ 有边坡的挖土作业，开挖土方的操作人员之间，应保持足够的安全距离，横向间距不小于 2 m，纵向间距不小于 3 m。

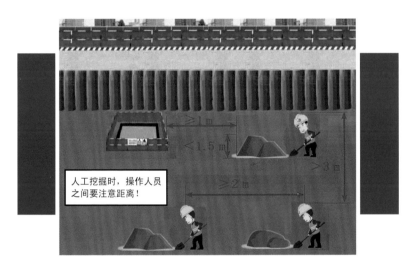

人工挖掘时，操作人员之间要注意距离！

❷ 开挖应遵循自上而下的原则，不应掏根挖土和反坡挖土。

工人开挖应自上而下挖掘！

❸ 高陡边坡处作业时，作业人员应按规定系好安全带、安全绳，以防人员摔倒。

陡坡工作需要系好安全带、安全绳！

❹ 边坡开挖中如遇地下水涌出，应先排水，后开挖。

先排水，后开挖！

❺ 施工过程当中应密切关注作业部位和周边边坡、土体的稳定情况，以免滑塌伤人。如遇突发情况，应停止作业，撤出现场作业人员。

注意土体稳定，
及时撤离现场。

❻ 开挖工作应与装运作业面相互错开，应避免上、下交叉作业。在边坡开挖影响交通安全时，应设置警示标志，严禁通行，并派专人进行交通疏导。

开挖工作应与装运作业面错开。

❼ 边坡开挖时，应及时清除松动的土体、岩石；必要时应进行安全支护，以防伤害工作人员或损坏施工机械。

及时清除松动的土体、岩石。

❽ 进行机械挖土时，非作业人员要远离机械，并禁止一切人员进入挖土机回转半径内。

远离机械！
不要进入回转半径内！

3.2 土方暗挖

1 暗挖过程中，如出现整体裂缝或滑动迹象，应立即停止施工，将人员、设备尽快撤离工作面，视开裂或滑动程度采取不同的应急措施。

暗挖过程中，注意周围土体状况。

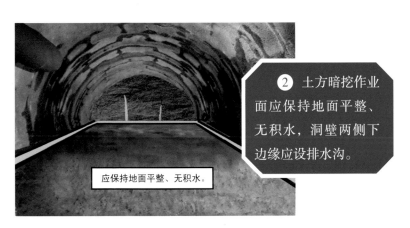

应保持地面平整、无积水。

2 土方暗挖作业面应保持地面平整、无积水，洞壁两侧下边缘应设排水沟。

3.3 石方明挖

❶ 开钻前，应检查工作面附近岩石是否稳定，是否有瞎炮，发现问题应立即处理，否则不应作业。不应在残眼中继续钻孔。

开钻前应仔细检查工作面。

❷ 开挖作业开工前应将设计边线外至少 10 m 范围内的浮石、杂物清除干净。

❸ 在撬挖作业的下方严禁通行，并严禁站在石块滑落的方向撬挖或上下层同时撬挖，以免造成人员伤害。

❹ 撬挖人员应保持适当间距。在悬崖、35°以上陡坡上作业应配戴安全带、系好安全绳，严禁多人共用一根安全绳。

3.4 石方暗挖

1 暗挖作业中，在遇到不良地质构造或易塌方地段、有害气体逸出及地下涌水等突发事件时，应即令停工，作业人员撤至安全地点。

暗挖发生突发事件，作业人员应赶紧撤离！

2 斜、竖井的开挖，应在井口及井底部位设置醒目的安全标志。开挖后应锁好井口，确保井口稳定，并设置防护设施，防止井台上弃物坠入井内。

3.5 石方爆破

❶ 爆破作业安全爆破前，应根据所设计的安全距离设置警示区，禁止无关人员进入。

❷ 严禁一人同时携带雷管和炸药；雷管和炸药应分别放在专用背包（木箱）内，不应放在衣袋里或手持。严禁携带雷管的人员抽烟或接近火源。

❸ 竖直炮孔装药时，用细绳放下。水平炮孔装药时，用木棍或竹质炮棍轻轻压紧，严禁使用铁器等金属炮棍。

装药分多次装入，用木棍，不能用金属炮棍。

❹ 装药后用泥土填塞洞口，禁止使用石子或易燃材料，轻捣密实，禁止用力挤压。

装药后用泥土填塞洞口，不得用力挤压。

❺ 切割导爆索、导爆管时应使用锋利小刀，严禁使用剪刀或钢丝钳剪夹。

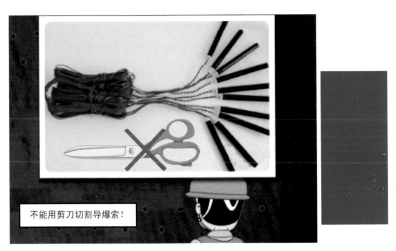

不能用剪刀切割导爆索！

❻ 严禁拉拔导爆索、导爆管，严禁从炮孔内掏取雷管、炸药。

不能拔导爆索，掏雷管、炸药！

3.6 土石方装运

1 挖掘机停车地面倾斜度不得超过 5%。

挖掘机不要停在斜坡上！

2 在边坡下挖渣时，边坡上禁止施工，以防坠石伤人或砸坏机械。

在边坡下挖渣时，边坡上禁止施工！

❸ 出渣路线应保持平整通畅，卸料地点靠边沿处应有挡轮木和明显标志，并设专人指挥。

❹ 采用装载机装车时，装载机工作地点四周禁止人员停留，装载机后退时应连续鸣号示警。

第四章 混凝土工程施工

4.1 混凝土拌和

❶ 开机前，应检查电气设备的绝缘和接地是否良好，检查离合器、制动器、钢丝绳、倾倒机构是否完好。

> 开机前应自己检查！
> 搅拌筒应用清水冲洗干净，不得有异物。

❷ 搅拌机的料斗升起时，严禁任何人在料斗下通过或停留。

> 严禁在料斗下通过或停留。

❸ 启动后应注意搅拌筒转向与搅拌筒上标示的箭头方向一致。待机械运转正常后再加料搅拌。

❹ 搅拌机作业中，如发生故障不能继续运转时，应立即切断电源，将筒内的混凝土清理干净，然后进行检修。

❺ 不准用脚踩或用铁锹、木棒往下拨、刮搅拌筒口，工具不能碰撞搅拌机，更不能在转动时把工具伸进料斗里扒浆。工作完毕后应将料斗锁好，并检查一切保护装置。

❻ 现场检修时，应固定好料斗，切断电源。未经允许，禁止拉闸、合闸和进行不合规定的电气维修。

❼ 禁止一切人员在皮带机上行走和跨越；皮带机发生故障时应立即停车检修，不得带病运行。

禁止跨越皮带机！

4.2 混凝土运输

❶ 不应超载、超速、酒后及疲劳驾车，应谨慎驾驶，应熟悉运行区域内的工作环境。

不应超载、超速、酒后及疲劳驾车！
驾驶室内不应乘坐无关人员。

❷ 车不应在陡坡上停放，需要临时停车时，应打好车塞。

─────────────────────────

❸ 自卸汽车向坑洼地点卸混凝土时，必须使后轮与坑边保持适当的安全距离，防止塌方翻车。

─────────────────────────

❹ 自卸汽车应保证车辆平稳、观察有无障碍后，方可卸车；等卸料后大箱落回原位后，方可起驾行驶，严禁边走边落。

❺ 使用吊罐前，应对钢丝绳、平衡梁（横担）、吊锤（立罐）、吊耳（卧罐）、吊环等起重部件进行检查，如有破损，严禁使用。同时应定期检查、维修吊罐，立罐门的托辊轴承、卧罐的齿轮，定期加油润滑。罐门把手、震动器固定螺栓应定期检查紧固，防止松脱坠落伤人。

❻ 吊罐的起吊、提升、转向、下降和就位，应听从指挥。指挥人员应由受过训练的熟练工人担任，指挥信号应明确、准确、清晰。

❼ 吊罐吊至仓面，下落到一定高度时，应减慢下降、转向，避免紧急刹车，以免晃荡撞击人体。防止吊罐撞击模板、支撑和预埋件等。

❽ 吊罐装运混凝土，严禁混凝土超出罐顶，以防坍落伤人。吊罐正下方严禁站人。

⑨ 严禁吊罐下串吊其他物件。

吊罐下严禁串吊其他物件！

⑩ 混凝土泵应设置在场地平整、坚实，具有重型车辆行走条件的地方，应有足够的场地保证混凝土供料车的卸料与回车。混凝土泵的作业范围内，不应有障碍物、高压线。

⑪ 支腿未支牢前，不得启动悬臂。悬臂应按顺序伸出，严禁用悬臂起吊和拖拉物件。

⑫ 悬臂在全伸出状态时，严禁移动车身；作业中需要移动时，应将上段悬臂折叠固定；前段的软管应用安全绳系牢。

4.3 混凝土平仓振捣

① 浇筑混凝土前应全面检查仓内排架、支撑、模板及平台、漏斗、溜筒等是否安全可靠。仓内脚手架、支撑、钢筋、拉条、预埋件等不得随意拆除、撬动。如需拆除、撬动时，应征得施工负责人的同意。

浇筑前检查，不得随意撬动钢筋！

② 仓内人员上下设置靠梯，严禁从模板或钢筋网上攀登。

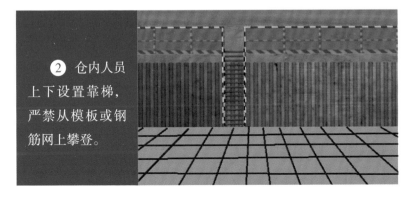

❸ 平仓振捣过程中,要经常观察模板、支撑、拉筋等是否变形。如发现变形有倒塌危险时,应立即停止工作,并及时报告。

振捣时观察周围情况!

❹ 下料溜筒被混凝土堵塞时,应停止下料,立即处理。处理时不得直接在溜筒上攀登。

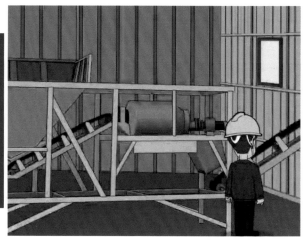

4.4 钢筋加工

❶ 钢筋表面应洁净，使用前将表面油渍、漆污、锈皮、鳞锈等清除干净。钢筋表面有严重锈蚀、麻坑、斑点等，应经鉴定后视损伤情况确定降级使用或剔除不用。钢筋表面的水锈和色锈可不做专门处理。

❷ 钢筋应平直，无局部弯折，钢筋中心线同直线的偏差不应超过其全长的1%。弯曲的钢筋均应矫直，然后方可使用。

钢筋应平直，弯曲钢筋应矫直。

❸ 切断钢筋时，操作台上的铁屑应及时清除，应在停车后用专用刷子清除，不应用手抹或口吹。

❹ 电焊作业人员在操作时，应站在所焊接头的两侧，以防焊渣伤人。配合电焊作业的人员应戴专业防护眼镜和防护手套。焊接时不应用手直接接触钢筋。

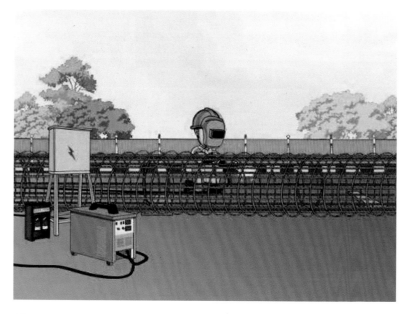

5 雨天进行露天焊接，应有可靠的防雨和安全措施；雷雨天应停止露天焊接作业。负温下焊接钢筋应采取防风、防雪措施：在 −15℃以下施焊时，应采取专门保温防风措施；低于 −20℃时不宜焊接。

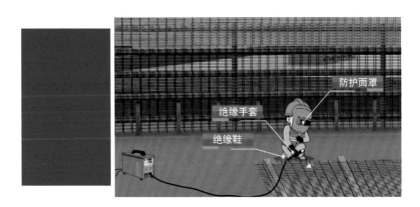

6 在高处绑扎钢筋和安装骨架，应搭设脚手架和马道，临边应搭设防护栏杆，挂设安全网。需在脚手架或平台上存放钢筋时，不应超载。

4.5 模板施工

❶ 安装模板时操作人员应有可靠的落脚点，并应站在安全地点进行操作，避免上下在同一垂直面工作。

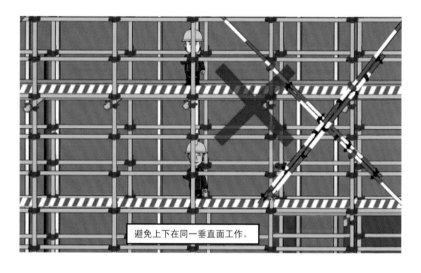

避免上下在同一垂直面工作。

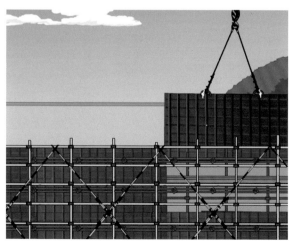

❷ 上下传送模板，应采用运输工具或用绳子系牢后升降，不应随意抛掷。

❸ 支模过程中，如需中途停歇，应将支撑、搭头、柱头板等钉牢。拆模间歇时，应将已活动的模板、牵杠、支撑等运走或妥善堆放，防止因踏空、扶空而坠落。模板上有预留洞者，应在安装后将洞口盖好，混凝土板上的预留洞，在模板拆除后即应将洞口盖好。

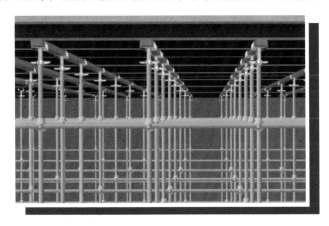

❹ 支模时，操作人员不得站在支撑上，而应设立人板，以便操作人员站立。立人板以木质中板为宜，并适当绑扎固定。

❺ 支模应按规定的作业程序进行，模板未固定前不得进行下一道工序。严禁在连接件和支撑件上面攀登上下。

❻ 模板及其支架在安装过程中，必须设置防倾覆的临时固定设施。

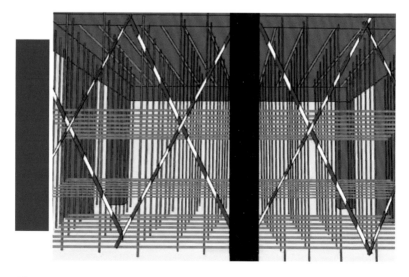

7 竖向模板和支架的支承部分，当安装在基土上时应加设垫板，且基土必须坚实并有排水措施。

8 散放的钢模板，应用箱架集装吊运，不应任意堆捆起吊！

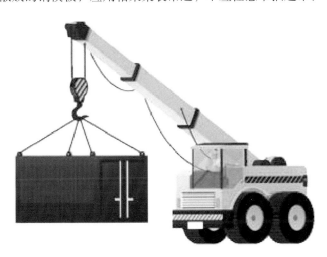

第五章 灌浆工程施工

5.1 钻孔安全技术

❶ 钻机就位时应保持底盘平稳、钻架直立、钻头中心对准桩位中心，并将钻架可靠固定。钻机机械就位后，应对钻机及配套设备进行全面检查，机架不能靠在护筒上，以免机械振动引起护筒漏水导致坍孔，造成事故。

❷ 冲击钻孔启动后，应将操纵杆置空挡位置，空转运行，经检查确认无误后再进行作业。冲击过程中，钢丝绳的松弛度应掌握适宜。

❸ 采用冲抓或冲击钻孔时，当钻头提到接近护筒底缘时应减速、平稳提升，不得碰撞护筒和钩挂护筒底缘。不准任何人进入落钻区，以防砸伤。

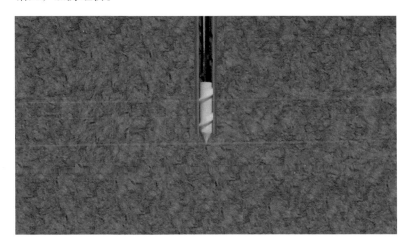

❹ 已埋设护筒未开钻或已成桩护筒尚未拔除的，应加设护筒顶盖或铺设安全网遮罩。

❺ 回转切削成孔机械，在装、拆钻杆时必须注意与吊、放操作工人之间的配合，以防伤人。在钻进过程中，若发生钻机突发卡钻振动迹象时，必须立刻停机，排除孔内故障。

❻ 操纵手把式钻机必须遵守下列规定：

1）运转进行中，给进把回转范围内不得有人，同时操作人员身体要避开，防止钻具突然落下伤手。

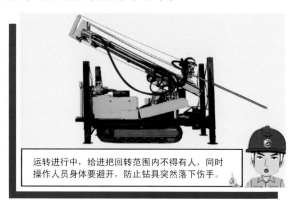

运转进行中，给进把回转范围内不得有人，同时操作人员身体要避开，防止钻具突然落下伤手。

2）松紧卡盘顶丝、接合簧、立轴箱时，必须脱开离合器使工作轮停止转动后再进行，紧顶丝必须对称均匀顶紧，开车前必须互相呼应一致。

松紧卡盘顶丝、接合簧、立轴箱时，必须脱开离合器使工作轮停止转动后再进行，紧顶丝必须对称均匀顶紧，开车前必须互相呼应一致。

3）使用升降机刹车时，严禁使用手把结合脚刹。

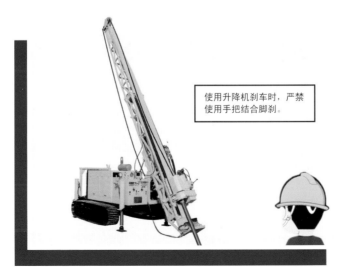

使用升降机刹车时，严禁使用手把结合脚刹。

7 升降钻具

1）升降钻具进行中，工作人员不得兼负现职以外的其他工作。

2）提升最大高度，提引器距天车不得小于1m，遇特殊情况超出规定，必须采取可靠安全措施。

提升最大高度，提引器距天车不得小于1m，遇特殊情况超出规定，必须采取可靠安全措施。

操作升降机，不得猛刹猛放，在任何情况下都不准用手或脚直接触动钢丝绳，如缠绕不规则可用木棒拨动。

3）操作升降机，不得猛刹猛放，在任何情况下都不准用手或脚直接触动钢丝绳，如缠绕不规则时，可用木棒拨动。

4）孔口操作人员，必须站在钻具起落范围以外，摘挂提引器时要注意回绳碰打，提引器升过横轴箱以前，必须扶导正直提升，防止碰撞翻机。

孔口操作人员，必须站在钻具起落范围以外，摘挂提引器时要注意回绳碰打，提引器升过横轴箱以前，必须扶导正直提升，防止碰撞翻机。

5）使用普通提引器，倒放或拉起钻具时，开口必须朝下，钻具下面不得站人。

使用普通提引器，倒放或拉起钻具时，开口必须朝下，钻具下面不得站人。

6）起放粗径钻具，手指不得伸入管内去提拉，不得用手去试探岩芯，或用眼去看管内岩芯，应用一根有足够拉力的麻绳将钻具拉开。

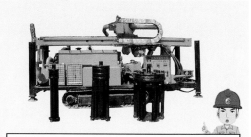

起放粗径钻具，手指不得伸入管内去提拉，不得用手去试探岩芯，或用眼去看管内岩芯，应用一根有足够拉力的麻绳将钻具拉开。

跑钻时，禁止抢插垫叉，抽插垫叉必须保持手把，无手把的垫叉禁止使用。

7）跑钻时，禁止抢插垫叉，抽插垫叉必须提持手把，无手把的垫叉禁止使用。

8）升降钻具时，若中途钻具脱落，不准用手去抓。

升降钻具时，若中途钻具脱落，不准用手去抓。

❽ 钻机停钻，必须将钻头提出孔外，置于钻架上，不得滞留孔内，盖好孔口盖，以防工具或其他物件掉入孔内。

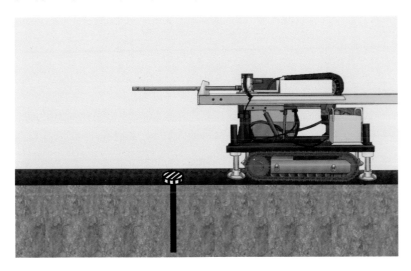

5.2 灌浆安全技术

❶ 灌浆前认真检查机械及管路，并进行 10 ~ 20 分钟该灌注段最大灌浆压力耐压试验。每段灌浆工作应确保连续进行，不应中途停顿。

❷ 钻机、灌浆泵、拌浆机等主要用电施工机械设备应该配备一机一闸，并有漏电保护装置。

❸ 灌浆中应有专人控制灌浆压力并监视压力指针摆动，避免压力突升或突降。压力表应经常核对，超出误差允许范围的不得使用。

❹ 作业现场废水、废浆排放通道应畅通。严格按环境保护的有关规定进行灌浆施工，灌浆过程中产生的废浆、弃浆等，不得直接排入河流、土壤中，防止其中含有的有害物质对水源土质造成影响。

❺ 化学灌浆应设有专门的各种材料堆放处所，明显处悬挂"禁止饮食""禁止烟火"等警告标志，并配有足量专用消防器材。配有足够供施工人员佩戴的防护口罩、防护眼镜、防护手套及穿的防护鞋等用具。

❻ 工作平台应相对平整、场地应密实，钻机能够正常回转。钻孔时必须先选好弃土位置，不影响钻机回转，设置安全警示牌。

5.3 孔内事故处理

❶ 发现钻具（塞）刚被卡时，应立即活动钻具（提塞），严禁无故停泵。

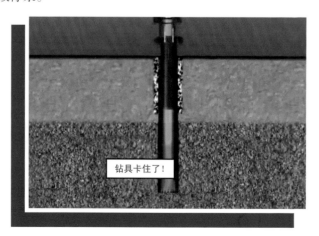

❷ 钻具（塞）在提起中途被卡时，应用管子钳扳扭或设法将钻具（塞）下放一段，同时开泵送水冲洗、上下活动、慢速提升，严禁使用卷扬机和立轴同时起拔事故钻具。

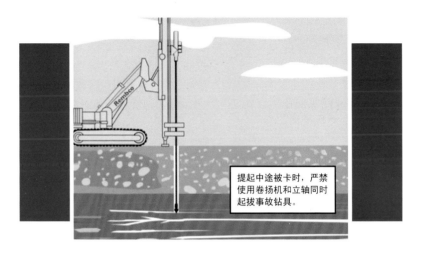

提起中途被卡时，严禁使用卷扬机和立轴同时起拔事故钻具。

❸ 在孔壁不稳定的情况下，应先护孔，然后再处理。处理卡钻事故用的扩孔钻具，应带有内导向，导向器应连接可靠。

孔壁不稳定，应先护孔，然后再处理。

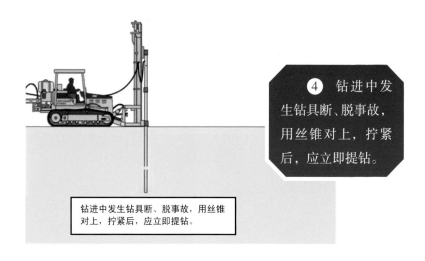

④ 钻进中发生钻具断、脱事故，用丝锥对上，拧紧后，应立即提钻。

钻进中发生钻具断、脱事故，用丝锥对上，拧紧后，应立即提钻。

❺ 使用打吊锤处理事故应由专人统一指挥，并检查钻架的绷绳是否安全牢固。吊锤处于悬挂状态打吊锤时，周围不应有人。不应在钻机立轴上打吊锤；必要时，应对立轴做好防护措施。

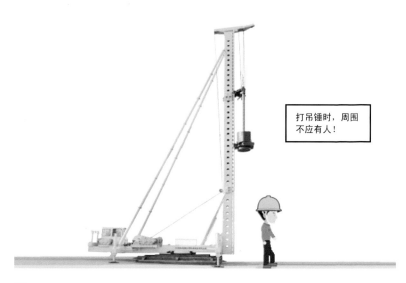

打吊锤时，周围不应有人！

❻ 操作时，场地应平整坚实，千斤顶应安放平稳，并将卡瓦及千斤顶绑在机架上，以免顶断钻具时卡瓦飞出伤人。使用油压千斤顶时，不应站在保险塞对面。扳动螺杆时，用力应一致，手握杆棒末端。

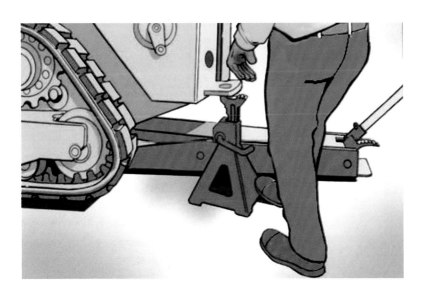

第六章 机电设备安装

6.1 户内、户外设备吊装安全措施

❶ 吊装起重设备应由操作人员、电气人员、安全人员联合对设备的操作性能、电气控制、安全性能进行检查，确保设备安全运行可靠。

❷ 起重作业前应对索具、吊具进行检查，确保选用的索具、吊具规格无误、性能可靠，并正确选择捆绑方式，严禁采用兜吊方式吊装。

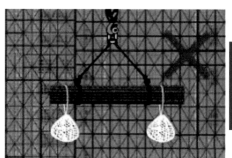

❸ 指挥人员应信号清晰，指挥明确，严禁多人指挥。

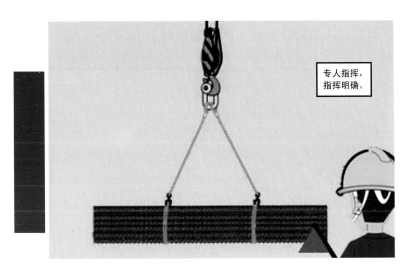

❹ 设备吊点应与设备中心一致，吊物下严禁施工人员作业、停留，起吊前应做试吊，且起吊速度应严格控制。

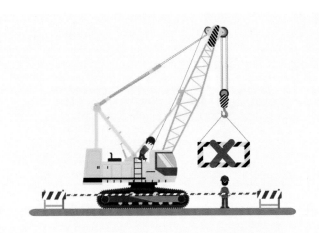

❺ 设备在吊装过程中应安排安全人员对吊装过程进行全程安全监护，安排电气人员对起重设备进行安全监护，避免发生异常；设备吊装过程中如发生异常应及时报告给现场指挥人员。

❻ 机组安装现场对预留进人孔、排水孔、放空阀、排水阀、预留管道口等孔洞应加防护栏杆或盖板封闭，吊物孔周围应按照相关规定设有防护栏杆和地脚挡板。

6.2 轨道运输安全措施

❶ 有轨运输使用机械牵引时，车辆的牵引机械必须制动良好，主变压器运输速度应严格限制。牵引机械与主变压器之间连接必须采用刚性连接，且需有足够的强度和刚度，严禁柔性连接。

禁止非特种作业人员对牵引机械进行操作。

❷ 禁止非特种作业人员对牵引机械进行操作。

❸ 运输前应保证运输方案已编写并报批，技术交底工作已完成；检查轨道应平直无扭曲，表面光滑无凸点，运输行程间无障碍物。

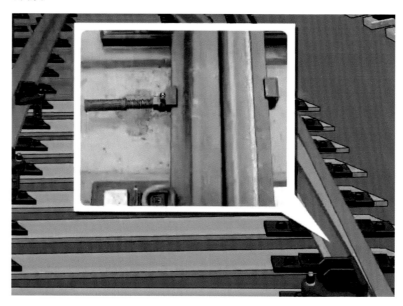

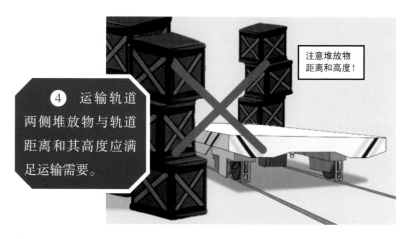

注意堆放物距离和高度！

④ 运输轨道两侧堆放物与轨道距离和其高度应满足运输需要。

❺ 牵引机械、索具、导向等固定点应牢固可靠。存在预埋锚杆的,使用预埋锚杆;无预埋锚杆的情况下,应考虑力矩、夹角等保证制作锚杆的安全系数。

❻ 运输过程中应保证指挥信号清晰、明确,严禁多人指挥现象;对牵引机械应采取专人监护,防止机械临时性故障。

❼ 运输区域应设置安全警示，无关人员禁止进入。

❽ 在弯道时，应采取多点牵引，防止发生侧翻事故；运输作业阶段应设置安全人员对整体过程进行安全监护。

❾ 如使用人工牵引运输，应统一口号，尽量保证人工出力一致，防止发生侧翻。

第七章　疏浚与吹填工程施工

7.1 疏浚安全

❶ 施工前应对作业区内水上、水下地形及障碍物进行全面调查，包括电力线路、通信电缆、光缆、各类管道、构筑物、污染物、爆炸物、沉船等，查明位置和主管单位，并联系处理解决。

施工前应对作业区内水上、水下地形及障碍物进行全面调查。

❷ 施工前宜先进行扫床，对扫床中发现的爆炸物、障碍物、杂物（如树根等）应及时进行清除或标识。

施工前先扫床。

❸ 水上作业人员应持有相应的船员适任证书与船员服务簿方可上岗,所有作业人员应穿戴防护衣、防护手套、安全帽以及救生衣等防护和救生装备。

❹ 陆地、各船舶、各作业点等均应配有高频无线电话或其他通信设备,始终保持通信畅通。

❺ 施工船舶必须具有海事、船检部门核发的各类有效证书。

❻ 施工船舶应按海事部门确定的安全要求，设置必要的安全作业区或警戒区，并设置符合有关规定的标志，以及在明显处昼夜显示规定的号灯、号型。

❼ 对施工作业区存在安全隐患的地方应设置必要的安全防护和警示标志，对有爆炸物存在的施工区，挖泥船应采取必要防护措施。

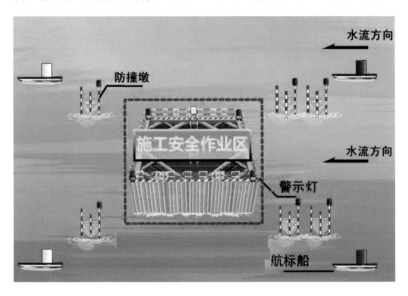

❽ 应制定冲洗带油甲板的环保防护措施及发生油污泄漏事故的应急预案。

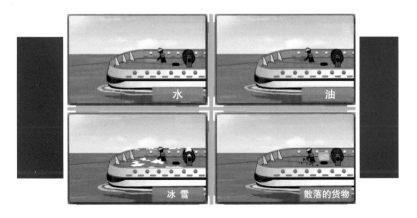

❾ 安全用电、防火防爆应符合相关标准，未经船长、轮机长同意，不应进行电气焊接作业。电焊作业必须遵守有关的动火作业规定。

❿ 定期对全船电气设备及相关设备进行安全检查。

⑪ 施工船舶在汛期施工时，应制定汛期施工和安全度汛措施；在严寒封冻地区施工时，应制定船体及排泥管线防冰冻、防冰凌及防滑等冬季施工安全措施。

7.2 吹填安全

❶ 对较薄弱的陆域堰体，应在该段附近备足抢险物资，如土料、沙石、木桩、草袋等，并设置标志牌，该物资不得挪作他用。

❷ 堤芯土吹填施工时，随时注意潮位情况，控制吹填速度，避免引起堤身塌方现象。

❸ 向陆域吹填时，应在淤泥层较厚、水位较深、堰顶较窄、堰体薄弱、对外路口等地段，设置相应的安全警示牌和绕行指路标志。同时，在泄水口设施的适当范围外，应设置警示牌，严禁车辆靠近和非专业人员涉水。

❹ 水下吹填时，应在水下围堰外的适当位置设置断航、限航标志及绕行标志。

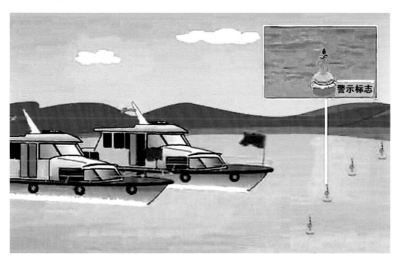

❺ 吹填区围堰应设专人昼夜巡视、维护，发现渗漏、溃塌等现象及时报告和处理；在人畜经常通行的区域，围堰的临水侧应设置安全防护栏。

❻ 退水口外水域应设置拦污屏，减少和防止退水对下游关联水体的污染。

❼ 吹填时管线应顺堤布置，需要时可敷设吹填支管；对有防渗要求的围堰，应在堰体内侧铺设防渗土工膜，并在围堰外围开挖截渗沟，以防渗水外溢危及周围农田与房屋。

对有防渗要求的围堰，
应铺设防渗土工膜。

第八章　事故处理与应急救援

❶ 发生水利工程安全事故后应经过事故报告、事故调查、工程处理、事故处罚四个环节。事故处理按照《中华人民共和国安全生产法》《生产安全事故报告和调查处理条例》《建设工程安全生产管理条例》及《水利工程建设安全生产管理规定》等的要求进行。

❷ 有人触电时，不能用手触碰电线，要用木棍等绝缘体拨开！

75

❸ 事故发生时，不要惊慌失措，要保持镇静，并设法维护好现场的秩序。在周围环境不危及生命的条件下，不要随便搬动伤员。暂时不要给伤员任何饮料或食物。

❹ 如遇火情，打消防电话报警，组织工人使用消防工具灭火。用电场所电气灭火应选择适用于电气的灭火器材，不得使用泡沫灭火器，严禁用水灭火，以免增大火情或漏电造成人员伤害。

⑤ 有呼吸困难、窒息和心跳停止的伤员，立即将伤员头部后仰，托起下颌，使呼吸道畅通，施行人工呼吸、胸外心脏按压，原地抢救。

⑥ 发生意外而现场无人时，应向周围大声呼救寻求帮助或设法联系有关部门。遇到严重事故、灾害或中毒时，除急救呼叫外，还应立即向当地政府安全生产主管部门及卫生、防疫、公安等有关部门报告，报告现场位置、伤员数量、伤情如何、进行过何种简单处理等内容。

第九章 安全警示标志

9.1 禁止标志

禁止入内

禁止跨越

禁止吸烟

禁止饮用

禁止合闸

禁止通行

禁止跳下

禁止靠近

禁止停留

禁止转动

禁止堆放

禁止启动

禁止带火种

禁止烟火

禁止停放车辆 堆放杂物

禁止攀登

禁止触摸

禁止操作 有人工作

禁止用水灭火

禁止穿带钉鞋

禁止戴手套

禁止穿化纤衣服

禁止使用 无线通信

禁止上下抛物

禁止酒后上岗

禁止翻越

禁止乘人

9.2 警告标志

当心机械伤人

当心车辆

当心触电

当心爆炸

注意安全

当心火灾

当心腐蚀

当心塌方

当心坑洞

当心落物

当心电缆

当心坠落

当心弧光

当心中毒

当心碰头

当心挤压

当心绊倒

当心吊物

9.3 指令标志

必须加锁

必须穿防护服

必须穿救生衣

必须戴防护帽

必须系安全带

必须戴安全帽

必须戴护耳器

必须穿防护鞋

必须戴防尘口罩

必须戴防毒面具

必须戴防护眼镜

必须戴防护手套

注意通风

必须戴防护面罩

必须用防护屏

触摸释放静电

9.4 提示标志

安全出口

可动火区

击碎面板

避险处

在此工作

从此上下

从此进出

急救药箱

从此跨越

紧急出口